런런 옥스퍼드 수학

KB130632

2권

덧셈과 뺄셈

안녕! 나는 카운트야!

나는 오플링이야.

차례

 동그라미 하기

 색칠하기

 수 세기

 스티커 붙이기

 선 잇기

 놀이하기

 쓰기

덧셈 알기

 더해서 10이 되는 것끼리 선으로 이으세요.

6에 4를 더하면 10이 되니까 별 6개와 달 4개를 선으로 이었어.

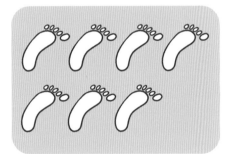

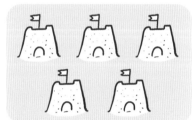

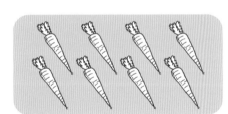

 더해서 10이 되는 수끼리 선으로 이으세요.

3   4   10   2

5   9   0   1

8   7   6   5

더해서 20이 되는 수끼리
같은 색으로 칠하세요.

20이 되는 짝꿍 수를
이용하면 도움이 돼.

③ ④ ⑮ ②

⑲ ⓪ ① ⑳

⑯ ⑰ ⑱ ⑤

 ☐ 안에 알맞은 수를 써서 덧셈식을 완성하세요.

$5 + \boxed{5} = 10$ $5 + \boxed{15} = 20$

$6 + \boxed{} = 10$ $6 + \boxed{} = 20$

$7 + \boxed{} = 10$ $7 + \boxed{} = 20$

$\boxed{} + 2 = 10$ $\boxed{} + 2 = 20$

$\boxed{} + 9 = 10$ $\boxed{} + 9 = 20$

$\boxed{} + 0 = 10$ $\boxed{} + 0 = 20$

잘했어!

칭찬 스티커를
붙이세요.

문제를 다 푼 다음, 32쪽으로!

등호(=) 이해하기

'같다'는 뜻의 기호 '='는 양옆의
두 수나 식이 같은 값이라는 뜻이에요.

등호는 '='로 나타내.

 그림을 보고, ☐ 안에 알맞은 수 또는 =를 써서 식을 완성하세요.

쿠키 4개와 2개를
더하면 6개와 같아.

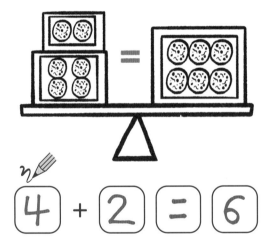

| 4 | + | 2 | = | 6 |

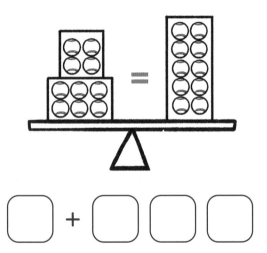

☐ + ☐ ☐ ☐

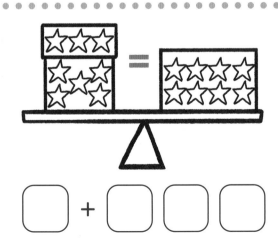

☐ + ☐ ☐ ☐

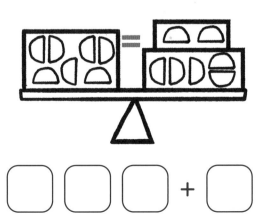

☐ ☐ ☐ + ☐

☐ 안에 + 또는 =를 써서 식을 완성하세요.

5 **+** 5 **=** 10

3 ☐ 6 **=** 9

10 **=** 8 ☐ 2

15 ☐ 5 **+** 10

6 **+** 4 **=** 9 **+** 1

10 ☐ 10 **=** 12 ☐ 8

9 ☐ 11 ☐ 18 ☐ 2

7 ☐ 3 ☐ 9 ☐ 1

나는 같은 수 만들기를 좋아해.

잘했어!

칭찬 스티커를 붙이세요.

 ### 덧셈식 만들기 놀이

장난감 자동차, 구슬, 블록 등과 같은 장난감 여러 개를 모으세요.
먼저 장난감 한 종류(자동차)를 정해 그 수를 세어 보세요. 그런 다음
다른 두 종류의 장난감(구슬과 블록)을 모아 같은 수를 만들어 보세요.

답이 같은 덧셈식을 만들어 보세요. 한 명이 먼저 답은 말하지 말고
덧셈식만 말하세요. 다른 사람들은 합이 같은 덧셈식을 만들어 답하세요.
예를 들면 '8 더하기 2'를 말하면 합이 10인 '7 더하기 3'으로 답하세요.

문제를 다 푼 다음, 32쪽으로!

더하는 순서 바꾸기

 각각의 수를 세어 보세요.
큰 수를 맨 앞에 써서 덧셈식을 완성하세요.

2보다 큰 수 5를 앞에 써서 덧셈식을 만들었어.

 2

 5

5 + 2 = 7

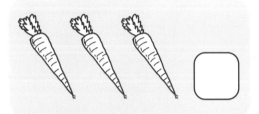

☐ + ☐ = ☐

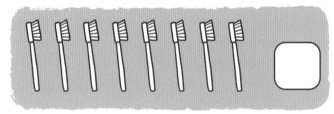

☐ + ☐ = ☐

아래의 수직선을 이용해서 덧셈을 해 봐!

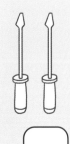 ☐

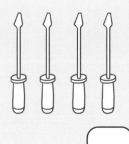 ☐

 ☐

☐ + ☐ + ☐ = ☐

6

0 1 2 3 4 5 6 7 8 9

더해서 10이 되는 두 수를 색칠하세요.

10의 짝꿍 수 7과 3을 색칠한 다음, 10을 먼저 쓰고 남은 수 4를 써서 덧셈식을 만들었어.

 더한 수 10에 남은 수를 더해 합을 구하세요.

7 + 4 + 3 = 10 + 4 합 14

8 + 4 + 6 = ☐ + ☐ 합 ☐

2 + 5 + 8 = ☐ + ☐ 합 ☐

 더해서 20이 되는 두 수를 색칠하세요.

 더한 수 20에 남은 수를 더해 합을 구하세요.

5 + 15 + 3 = ☐ + ☐ 합 ☐

13 + 9 + 7 = ☐ + ☐ 합 ☐

6 + 9 + 11 = ☐ + ☐ 합 ☐

4 + 2 + 16 = ☐ + ☐ 합 ☐

먼저 20을 만드는 두 수를 찾아서 색칠해 봐.

칭찬 스티커를 붙이세요.

11 12 13 14 15 16 17 18 19 20

문제를 다 푼 다음, 32쪽으로!

몇십 더하기

 각 수 모형의 수를 세어 ☐ 안에 쓰고, 합을 구하세요.

십 모형끼리, 낱개 모형끼리 더해.

$\boxed{22} + \boxed{10} = \boxed{32}$

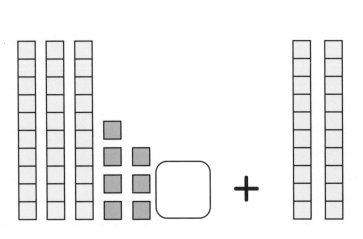 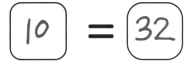

$\boxed{} + \boxed{} = \boxed{}$

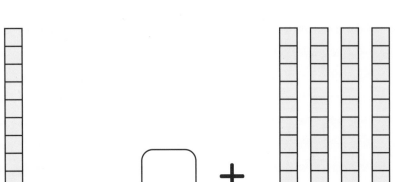 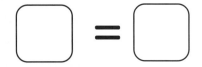

$\boxed{} + \boxed{} = \boxed{}$

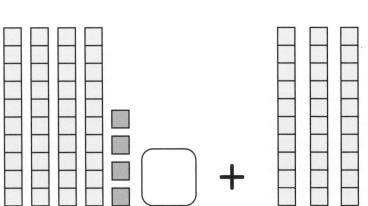 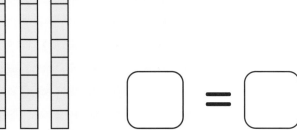

$\boxed{} + \boxed{} = \boxed{}$

1	2	3	4	5	6	7	8	9	10
11	12	13	14	15	16	17	18	19	20
21	22	23	24	25	26	27	28	29	30
31	32	33	34	35	36	37	38	39	40
41	42	43	44	45	46	47	48	49	50
51	52	53	54	55	56	57	58	59	60
61	62	63	64	65	66	67	68	69	70
71	72	73	74	75	76	77	78	79	80
81	82	83	84	85	86	87	88	89	90
91	92	93	94	95	96	97	98	99	100

+10

'몇십몇' + '몇십'을 계산할 때 100까지의 수 배열표를 이용해 봐.

🌙 빈 곳에 알맞은 수 스티커를 붙여 덧셈식을 완성하세요.

17 + 10 = **27**

21 + 70 = ☐

44 + 40 = ☐

35 + ☐ = 65

53 + 20 = ☐

28 + ☐ = 78

39 + 60 = ☐

☐ + 20 = 52

잘했어!

칭찬 스티커를 붙이세요.

10씩 더하기 놀이

두 자리 수를 고르세요. 그 수에 10을 더한 값은 얼마인지 말해 보세요.

주사위를 두 번 굴려 두 자리 수를 만들어 보세요.
주사위를 굴려서 나오는 첫 번째 수는 십의 자리 수이고, 두 번째 수는
일의 자리 수예요. 예를 들면 4와 3이 나오면 43을 만들 수 있어요.

문제를 다 푼 다음, 32쪽으로!

몇십몇 더하기

 각 수 모형의 수를 세어 ◯ 안에 쓰고, 합을 구하세요.

십의 자리 수끼리,
일의 자리 수끼리
더했어.

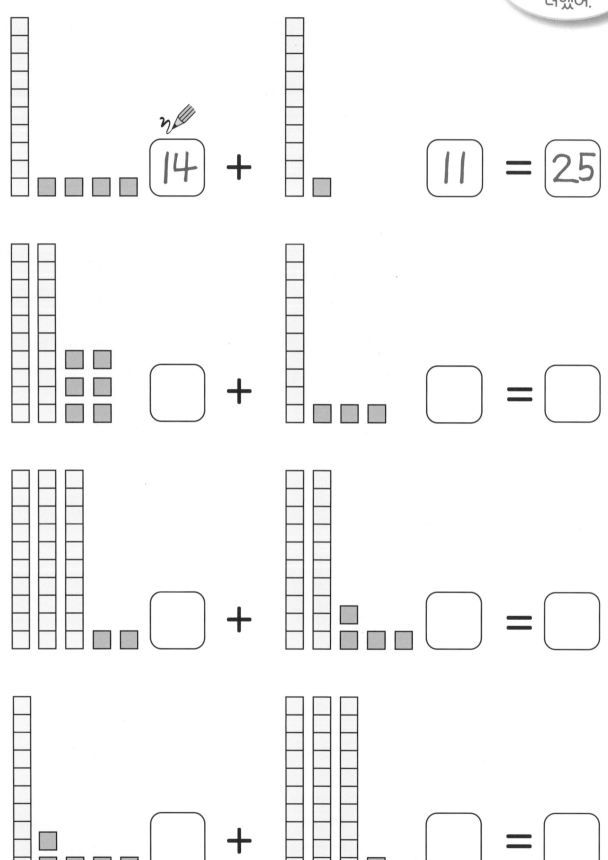

$$\boxed{14} + \boxed{11} = \boxed{25}$$

$$\boxed{} + \boxed{} = \boxed{}$$

$$\boxed{} + \boxed{} = \boxed{}$$

$$\boxed{} + \boxed{} = \boxed{}$$

수직선을 이용하여 덧셈을 하세요.

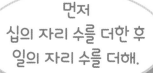

먼저
십의 자리 수를 더한 후
일의 자리 수를 더해.

$13 + 12 =$ 25

+10   +2

10 11 12 13 14 15 16 17 18 19 20 21 22 23 24 25 26 27 28 29 30

$26 + 14 =$ □

20 21 22 23 24 25 26 27 28 29 30 31 32 33 34 35 36 37 38 39 40

$57 + 22 =$ □

50 51 52 53 54 55 56 57 58 59 60 61 62 63 64 65 66 67 68 69 70 71 72 73 74 75 76 77 78 79 80

$72 + 26 =$ □

70 71 72 73 74 75 76 77 78 79 80 81 82 83 84 85 86 87 88 89 90 91 92 93 94 95 96 97 98 99 100

$31 + 16 =$ □

30 31 32 33 34 35 36 37 38 39 40 41 42 43 44 45 46 47 48 49 50

칭찬 스티커를
붙이세요.

$44 + 11 =$ □

40 41 42 43 44 45 46 47 48 49 50 51 52 53 54 55 56 57 58 59 60

문제를 다 푼 다음, 32쪽으로!

합이 같은 덧셈식

 두 덧셈식의 합이 같도록 ◯ 안에 알맞은 수를 쓰세요.

두 덧셈식의 합이 같도록 빈 곳에 알맞은 수 스티커를 붙이세요.

$4 + 1 + 5 = \boxed{} + 3$

$\boxed{10}$

$3 + 7 + 2 = \boxed{} + 8$

$10 + 5 = 9 + 4 + \boxed{}$

$10 + \boxed{} + 3 = 12 + 8$

칭찬 스티커를 붙이세요.

13

문제를 다 푼 다음, 32쪽으로!

덧셈과 뺄셈의 관계 알기

덧셈식을 어떻게 뺄셈식으로 나타낼 수 있는지 잘 살펴봐.

> 덧셈식은 뺄셈식으로, 뺄셈식은 덧셈식으로 나타낼 수 있어요.
> $1 + 2 = 3 \Rightarrow 3 - 2 = 1$

 빈 곳에 알맞은 스티커를 붙여 덧셈식을 뺄셈식으로 나타내고 ⬜ 안에 알맞은 수를 쓰세요.

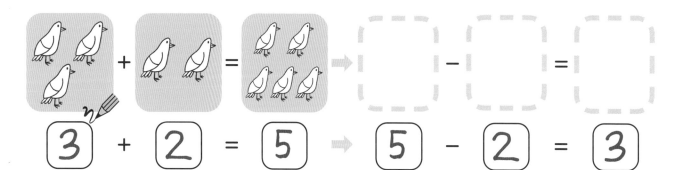

$\boxed{3} + \boxed{2} = \boxed{5} \Rightarrow \boxed{5} - \boxed{2} = \boxed{3}$

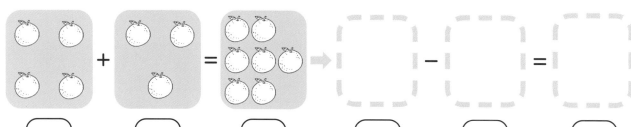

$\boxed{} + \boxed{} = \boxed{} \Rightarrow \boxed{} - \boxed{} = \boxed{}$

$\boxed{} - \boxed{} = \boxed{} \qquad \boxed{} + \boxed{} = \boxed{}$

$\boxed{} + \boxed{} = \boxed{} \Rightarrow \boxed{} - \boxed{} = \boxed{}$

덧셈식을 뺄셈식으로 바꾸어 나타낸 것을 찾아 선으로 이으세요.

4 + 2 = 6   8 − 5 = 3

3 + 7 = 10   16 − 6 = 10

5 + 3 = 8   19 − 15 = 4

6 + 10 = 16   17 − 5 = 12

4 + 15 = 19   10 − 7 = 3

12 + 5 = 17   6 − 2 = 4

4 더하기 2는 6이야.
그래서 6에서 2를
빼면 4야.

 덧셈식을 뺄셈식으로 바꾸어 나타낸 것을 찾아 선으로 이으세요.

22 + 7 = 29   21 − 16 = 5

20 + 30 = 50   50 − 5 = 45

23 + 25 = 48   29 − 7 = 22

30 + 70 = 100   48 − 23 = 25

45 + 5 = 50   50 − 20 = 30

5 + 16 = 21   100 − 30 = 70

칭찬 스티커를
붙이세요.

15

문제를 다 푼 다음, 32쪽으로!

뺄셈 알기

 수직선을 이용하여 뺄셈을 하세요.

$10 - 3 = \boxed{7}$

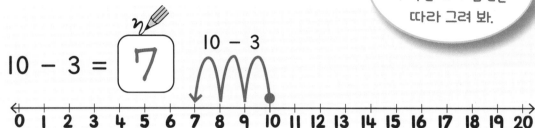

$10 - 5 = \boxed{}$

$10 - 8 = \boxed{}$

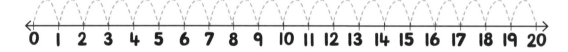

$20 - 4 = \boxed{}$

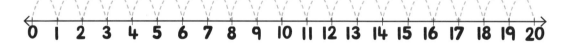

$20 - 9 = \boxed{}$

$20 - 12 = \boxed{}$

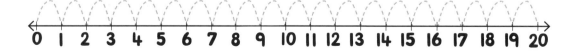

뺄셈식을 보고, 빼는 수와 더해서 10 또는 20이 되는 수를 찾아
색칠하세요.

10 − 4	=	⑦ ⑥ ⑧
20 − 5	=	⑭ ⑯ ⑮
10 − 9	=	① ② ⓪
20 − 3	=	⑯ ⑱ ⑰
20 − 11	=	⑪ ⑨ ⑩
20 − 18	=	② ① ③

 ☐ 안에 알맞은 수를 써서 뺄셈식을 완성하세요.

10 − ☐ = 5 ➡ 20 − ☐ = 15

10 − ☐ = 4 ➡ 20 − ☐ = 14

10 − ☐ = 3 ➡ 20 − ☐ = 3

10 − ☐ = 8 ➡ 20 − ☐ = 8

☐ − 9 = 1 ➡ ☐ − 19 = 1

☐ − 6 = 14 ➡ ☐ − 6 = 4

잘했어!

칭찬 스티커를
붙이세요.

거꾸로 세기 놀이

0부터 20까지의 수직선을 그린 다음 주사위를 굴리세요.
10이나 20에서 출발하여 주사위를 굴려 나온 수만큼 거꾸로 이동하세요.
0까지 가려면 몇 번 더 이동해야 할까요? 0에 도착할 때까지 주사위를 굴리세요.

문제를 다 푼 다음, 32쪽으로!

몇 빼기

 큰 수에서 작은 수를 빼세요.

 6 마리의 벌.

4 마리가 날아갔어요.

$6 - 4 = 2$

 개의 배.

2 개를 먹었어요.

$\boxed{} - \boxed{} = \boxed{}$

 개의 달걀.

3 개가 깨졌어요.

$\boxed{} - \boxed{} = \boxed{}$

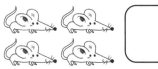 마리의 쥐.

1 마리가 숨었어요.

$\boxed{} - \boxed{} = \boxed{}$

칭찬 스티커를 붙이세요.

 마리의 물고기.

4 마리가 떠나갔어요.

$\boxed{} - \boxed{} = \boxed{}$

18

수직선을 이용하여 뺄셈을 하세요.

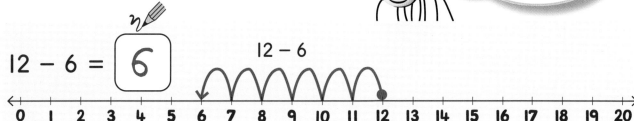

12 − 6 = 6

12 − 6

$$0 \quad 1 \quad 2 \quad 3 \quad 4 \quad 5 \quad 6 \quad 7 \quad 8 \quad 9 \quad 10 \quad 11 \quad 12 \quad 13 \quad 14 \quad 15 \quad 16 \quad 17 \quad 18 \quad 19 \quad 20$$

16 − 9 =

$$0 \quad 1 \quad 2 \quad 3 \quad 4 \quad 5 \quad 6 \quad 7 \quad 8 \quad 9 \quad 10 \quad 11 \quad 12 \quad 13 \quad 14 \quad 15 \quad 16 \quad 17 \quad 18 \quad 19 \quad 20$$

23 − 8 =

$$10 \quad 11 \quad 12 \quad 13 \quad 14 \quad 15 \quad 16 \quad 17 \quad 18 \quad 19 \quad 20 \quad 21 \quad 22 \quad 23 \quad 24 \quad 25 \quad 26 \quad 27 \quad 28 \quad 29 \quad 30$$

32 − 5 =

$$20 \quad 21 \quad 22 \quad 23 \quad 24 \quad 25 \quad 26 \quad 27 \quad 28 \quad 29 \quad 30 \quad 31 \quad 32 \quad 33 \quad 34 \quad 35 \quad 36 \quad 37 \quad 38 \quad 39 \quad 40$$

43 − 7 =

$$30 \quad 31 \quad 32 \quad 33 \quad 34 \quad 35 \quad 36 \quad 37 \quad 38 \quad 39 \quad 40 \quad 41 \quad 42 \quad 43 \quad 44 \quad 45 \quad 46 \quad 47 \quad 48 \quad 49 \quad 50$$

65 − 6 =

$$50 \quad 51 \quad 52 \quad 53 \quad 54 \quad 55 \quad 56 \quad 57 \quad 58 \quad 59 \quad 60 \quad 61 \quad 62 \quad 63 \quad 64 \quad 65 \quad 66 \quad 67 \quad 68 \quad 69 \quad 70$$

91 − 3 =

$$80 \quad 81 \quad 82 \quad 83 \quad 84 \quad 85 \quad 86 \quad 87 \quad 88 \quad 89 \quad 90 \quad 91 \quad 92 \quad 93 \quad 94 \quad 95 \quad 96 \quad 97 \quad 98 \quad 99 \quad 100$$

문제를 다 푼 다음, 32쪽으로!

몇십 빼기

 두 자리 수의 뺄셈을 하세요.

먼저 빼는 수만큼 십 모형을 묶어 봐.

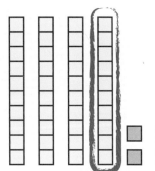

$47 - 10 = \boxed{37}$

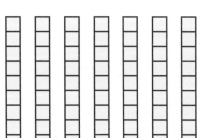

$76 - 20 = \boxed{}$

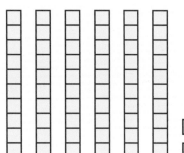

$66 - 50 = \boxed{}$

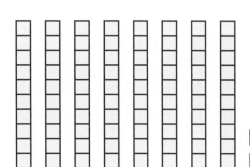

$84 - 40 = \boxed{}$

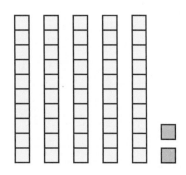

$53 - 30 = \boxed{}$

☐ 안에 알맞은 수를 써서 뺄셈식을 완성하세요.

'몇십몇' – '몇십'을 계산할 때 100까지의 수 배열표를 이용하면 도움이 돼.

$29 - 10 = \boxed{19}$

$56 - 30 = \boxed{}$

$63 - 20 = \boxed{}$

$77 - 40 = \boxed{}$

$62 - 50 = \boxed{}$

$98 - 70 = \boxed{}$

$75 - \boxed{} = 55$

$89 - \boxed{} = 49$

$\boxed{} - 30 = 62$

$\boxed{} - 60 = 14$

1	2	3	4	5	6	7	8	9	10
11	12	13	14	15	16	17	18	19	20
21	22	23	24	25	26	27	28	29	30
31	32	33	34	35	36	37	38	39	40
41	42	43	44	45	46	47	48	49	50
51	52	53	54	55	56	57	58	59	60
61	62	63	64	65	66	67	68	69	70
71	72	73	74	75	76	77	78	79	80
81	82	83	84	85	86	87	88	89	90
91	92	93	94	95	96	97	98	99	100

−10

거꾸로 수 세기는 정말 재미있어!

10씩 빼기 놀이

가족의 나이를 말해 보세요. 만약 지금보다 모두 10살씩 어리다면 몇 살인지 말해 보세요.

주사위를 두 번 굴려서 두 자리 수를 만들어 보세요. 예를 들면 주사위를 굴려 나온 수가 6과 3이면 63을 만들 수 있어요. 만들어진 두 자리 수가 한 자리 수가 될 때까지 10씩 빼 보세요.

칭찬 스티커를 붙이세요.

문제를 다 푼 다음, 32쪽으로!

몇십몇 빼기

 두 자리 수의 뺄셈을 하세요.

 빼는 수만큼 수 모형을 선으로 묶으세요.

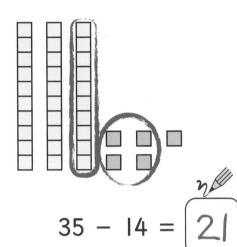

35 − 14 = 21

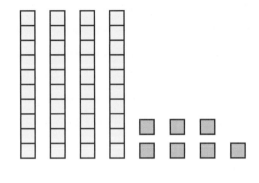

47 − 25 =

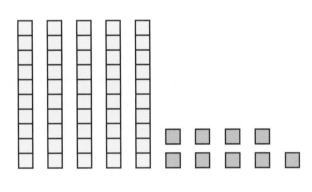

59 − 33 =

각각 남은 수는 얼마야?

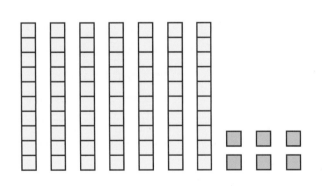

76 − 24 =

칭찬 스티커를 붙이세요.

수직선을 이용하여 뺄셈을 하세요.

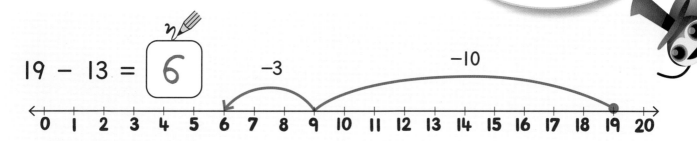
먼저
십의 자리 수만큼
거꾸로 센 다음, 일의 자리
수만큼 거꾸로 세.

19 - 13 = $\boxed{6}$

−3   −10

0 1 2 3 4 5 6 7 8 9 10 11 12 13 14 15 16 17 18 19 20

28 - 15 = ☐

10 11 12 13 14 15 16 17 18 19 20 21 22 23 24 25 26 27 28 29 30

46 - 14 = ☐

30 31 32 33 34 35 36 37 38 39 40 41 42 43 44 45 46 47 48 49 50

59 - 16 = ☐

40 41 42 43 44 45 46 47 48 49 50 51 52 53 54 55 56 57 58 59 60

75 - 23 = ☐

50 51 52 53 54 55 56 57 58 59 60 61 62 63 64 65 66 67 68 69 70 71 72 73 74 75 76 77 78 79 80

99 - 25 = ☐

70 71 72 73 74 75 76 77 78 79 80 81 82 83 84 85 86 87 88 89 90 91 92 93 94 95 96 97 98 99 100

문제를 다 푼 다음, 32쪽으로!

차가 같은 뺄셈식

 두 뺄셈식의 차가 같도록 ⬜ 안에 알맞은 수를 쓰세요.

5 빼기 3은 2와 같아. 그러니까 등호 오른쪽의 차도 2여야 해.

$5 - 3 = 10 - 8$

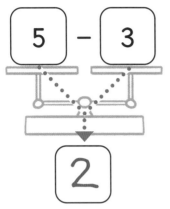

2

$9 - 4 = \boxed{} - 2$

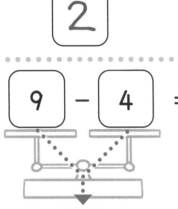

⬜

$15 - \boxed{} = 12 - 3$

⬜

$\boxed{} - 8 = 16 - 4$

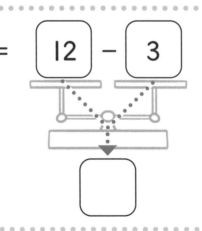

⬜

두 뺄셈식의 차가 같도록 빈 곳에 알맞은 수 스티커를 붙이세요.

20 − 15 = 16 − □

5

양쪽 뺄셈식의 값을
같게 만들어야 해.

28 − 16 = □ − 12

□

50 − □ = 75 − 45

□

□ − 48 = 45 − 41

□

칭찬 스티커를
붙이세요.

 빼셈식 만들기 놀이

차가 같은 뺄셈식 만들기 놀이를 해요. 먼저 한 명이 답은 말하지 말고
뺄셈식만 말하세요. 다른 사람들은 차가 같은 뺄셈식을 만들어 답하세요.
예를 들어 '6 빼기 3'을 말하면 차가 3인 뺄셈식인 '10 빼기 7'로 답하세요.

문제를 다 푼 다음, 32쪽으로!

세 수로 덧셈식과 뺄셈식 만들기

 삼각형의 세 수를 이용하여 덧셈식과
뺄셈식을 완성하세요.

주어진 세 수로
두 개의 덧셈식과 두 개의
뺄셈식을 만들 수 있어.

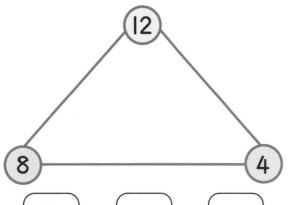

$$\boxed{8} + \boxed{4} = \boxed{12}$$

$$\boxed{} + \boxed{} = \boxed{}$$

$$\boxed{} - \boxed{} = \boxed{}$$

$$\boxed{12} - \boxed{} = \boxed{}$$

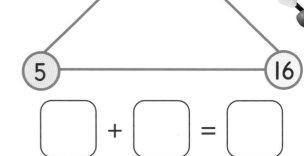

$$\boxed{} + \boxed{} = \boxed{}$$

$$\boxed{} + \boxed{} = \boxed{}$$

$$\boxed{} - \boxed{} = \boxed{}$$

$$\boxed{} - \boxed{} = \boxed{}$$

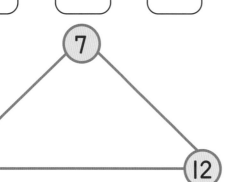

$$\boxed{} + \boxed{} = \boxed{}$$

$$\boxed{} + \boxed{} = \boxed{}$$

$$\boxed{} - \boxed{} = \boxed{}$$

$$\boxed{} - \boxed{} = \boxed{}$$

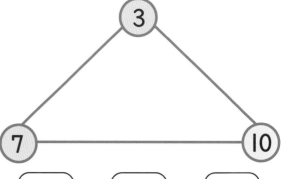

$$\boxed{} + \boxed{} = \boxed{}$$

$$\boxed{} + \boxed{} = \boxed{}$$

$$\boxed{} - \boxed{} = \boxed{}$$

$$\boxed{} - \boxed{} = \boxed{}$$

덧셈과 뺄셈의 규칙 알기

 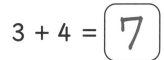 □ 안에 알맞은 수를 써서 짝 지어진 덧셈식과 뺄셈식을 완성하세요.

짝 지어진 식들을 보고, 규칙을 찾을 수 있겠니?

$3 + 4 = \boxed{7}$ $30 + 40 = \boxed{70}$

$8 - \boxed{} = 3$ $80 - 50 = 30$

$6 + 3 + 1 = 10$ $60 + \boxed{} + 10 = 100$

$10 - 3 - 4 = \boxed{}$ $100 - 30 - 40 = 30$

$12 + 6 = 18$ $120 + 60 = \boxed{}$

$\boxed{} - 7 = 12$ $190 - 70 = 120$

잘했어!

$10 + 2 + 8 = 20$ $100 + \boxed{} + 80 = 200$

$20 - 4 - 2 = \boxed{}$ $200 - 40 - 20 = 140$

칭찬 스티커를 붙이세요.

$5 + 3 = 8$ $\boxed{} + \boxed{} = 80$

$\boxed{} - \boxed{} = 4$ $120 - 80 = 40$

문제를 다 푼 다음, 32쪽으로!

덧셈 문장형 문제

 빈 곳에 알맞은 스티커를 붙이세요.

 덧셈을 하여 ⬭ 안에 알맞은 수를 쓰세요.

'모두'라는 낱말은 더해야 한다는 것을 뜻해.

암탉이 어제 달걀 8개를 낳았어요. 오늘은 달걀 5개를 낳았어요. 암탉이 낳은 달걀은 모두 몇 개인가요?

 + = 13 개

루이스는 아침에 딸기 7개를 먹고, 차를 마시면서 12개를 더 먹었어요. 루이스가 먹은 딸기는 모두 몇 개인가요?

☐ + ☐ = ☐ 개

엘리엇은 집에서 28분 동안 축구 연습을 했어요. 그리고 친구 집에서 10분 동안 더 연습했어요. 엘리엇이 축구 연습을 한 시간은 모두 몇 분인가요?

☐ + ☐ = ☐ 분

해리의 강아지가 월요일에는 뼈 3개를, 화요일에는 뼈 9개를, 수요일에는 뼈 7개를 땅에 묻었어요. 해리의 강아지가 묻은 뼈는 모두 몇 개인가요?

☐ + ☐ + ☐ = ☐ 개

뺄셈 문장형 문제

 뺄셈을 하여 ◯ 안에 알맞은 수를 쓰세요.

둥지에 아기 새 7마리가 있었어요. 잠시 후 아기 새 4마리가 날아갔어요. 둥지에 남은 아기 새는 몇 마리인가요?

$$\boxed{7} - \boxed{4} = \boxed{3} \text{마리}$$

아프리카코끼리는 키가 13피트까지 자라요. 인도코끼리는 아프리카코끼리보다 2피트 더 작게 자라요. 인도코끼리는 키가 몇 피트까지 자라나요?

$$\boxed{} - \boxed{} = \boxed{} \text{피트}$$

빌리는 색연필 32자루를 가지고 있었는데, 8자루를 잃어버렸어요. 남은 색연필은 몇 자루인가요?

$$\boxed{} - \boxed{} = \boxed{} \text{자루}$$

카이와 엠마가 줄넘기 내기를 했어요. 카이는 23분 동안 줄넘기를 뛰었어요. 엠마는 카이보다 10분 더 적게 뛰었어요. 엠마가 줄넘기를 뛴 시간은 몇 분인가요?

$$\boxed{} - \boxed{} = \boxed{} \text{분}$$

혼합 문제

 문제를 읽고 알맞은 식에 ◯표 한 다음,
계산식을 완성하세요.

덧셈 문제일까,
뺄셈 문제일까?

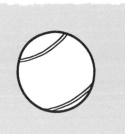

조지는 테니스공 3개를 가지고
있었는데 6개를 더 샀어요. 조지가
가진 테니스공은 모두 몇 개인가요?

3 – 6   (3 + 6)   6 – 3   6 – 3

3 + 6 = 9 개

런던의 기온은 17℃예요. 글래스고는
런던보다 9℃ 더 추워요. 글래스고의
기온은 몇 ℃인가요?

9 – 17   17 + 9   17 – 9   9 + 17

☐ ☐ ☐ ℃

쿠키를 만들기 위해 밀가루 45그램과
설탕 23그램이 필요해요. 밀가루와 설탕의
무게는 모두 몇 그램인가요?

45 + 23   45 – 23   23 – 45   23 + 23

☐ ☐ ☐ 그램

스칼릿의 할머니 나이는 88세예요.
할아버지는 할머니보다 10살 더 어려요.
할아버지의 나이는 몇 세인가요?

10 + 88   10 – 88   88 + 10   88 – 10

☐ ☐ ☐ 세

문제를 읽고 덧셈 또는 뺄셈을 하여 계산식을 완성하세요.

토미는 어느 날 2킬로미터를 걷고, 그다음 날에는
4킬로미터, 또 그다음 날에는 8킬로미터를 걸었어요.
토미가 걸은 거리는 모두 몇 킬로미터인가요?

   = ☐ 킬로미터

로라의 검은 고양이는 몸무게가 7킬로그램이에요.
회색 고양이는 검은 고양이보다 3킬로그램이 더
가벼워요. 회색 고양이의 몸무게는 몇 킬로그램인가요?

  =  킬로그램

반에 27명의 아이들이 있어요. 그런데
오늘 9명이 감기에 걸려 학교를 결석했어요.
오늘 출석한 아이들은 몇 명인가요?

  =  명

카리사는 37분 동안 수영했어요.
오빠는 카리사보다 10분 더
수영했어요. 오빠가 수영한
시간은 몇 분인가요?

  =  분

칭찬 스티커를
붙이세요.

문제를 다 푼 다음, 32쪽으로!

나의 실력 점검표

 얼굴에 색칠하세요.

쪽	나의 실력은?	스스로 점검해요!		
2~3	더해서 10 또는 20이 되는 짝꿍 수를 알아요.	😊	😐	🙁
4~5	'=(등호)'가 무슨 뜻인지 이해해요.	😊	😐	🙁
6~7	덧셈을 하기 쉽도록 더하는 수의 순서를 바꿀 수 있어요.	😊	😐	🙁
8~9	어떤 수에 몇십을 더할 수 있어요.	😊	😐	🙁
10~11	어떤 수에 몇십몇을 더할 수 있어요.	😊	😐	🙁
12~13	합이 같은 덧셈식을 만들 수 있어요.	😊	😐	🙁
14~15	덧셈식을 뺄셈식으로, 뺄셈식을 덧셈식으로 바꾸어 나타낼 수 있어요.	😊	😐	🙁
16~17	10과 20의 뺄셈을 계산할 수 있어요.	😊	😐	🙁
18~19	어떤 수에서 몇을 뺄 수 있어요.	😊	😐	🙁
20~21	어떤 수에서 몇십을 뺄 수 있어요.	😊	😐	🙁
22~23	어떤 수에서 몇십몇을 뺄 수 있어요.	😊	😐	🙁
24~25	차가 같은 뺄셈식을 만들 수 있어요.	😊	😐	🙁
26~27	세 수로 덧셈식과 뺄셈식으로 만들 수 있어요.	😊	😐	🙁
28~31	문장형 문제를 풀 수 있어요.	😊	😐	🙁

나와 함께 한 공부 어땠어?

정답

2~3쪽

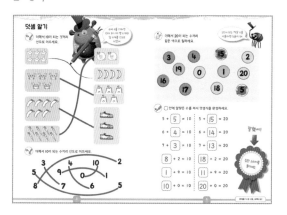

4~5쪽

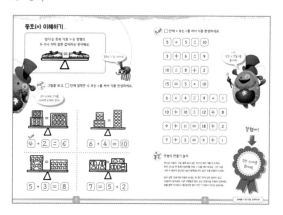

6~7쪽

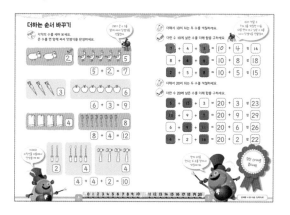

8~9쪽

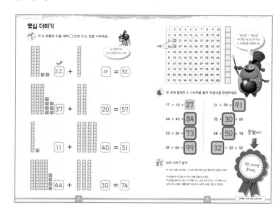

10~11쪽

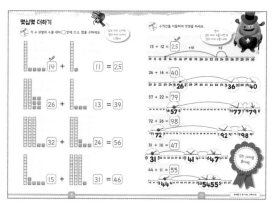

12~13쪽

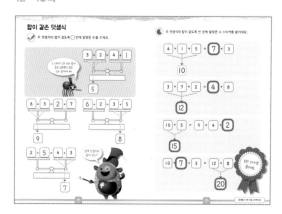

14~15쪽

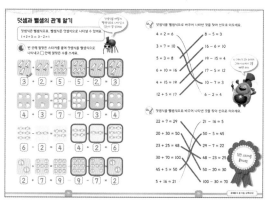

16~17쪽

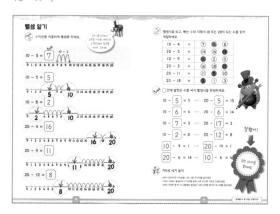

* 또는 5 - 3 = 2, 7 - 4 = 3, 2 + 4 = 6, 9 - 2 = 7

18~19쪽

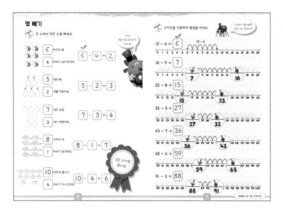

20~21쪽

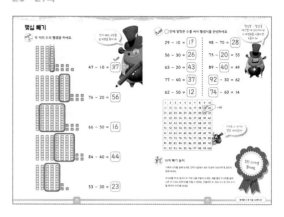

22~23쪽

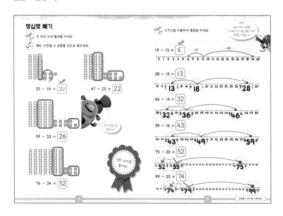

24~25쪽

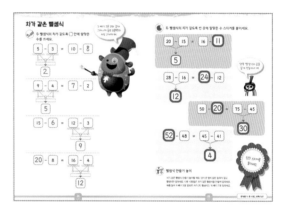

26~27쪽

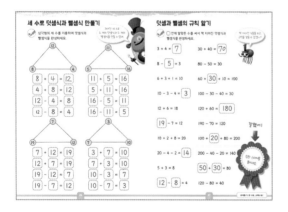

28~29쪽

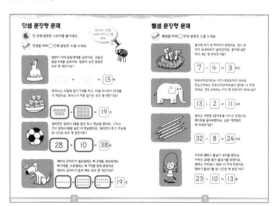

30~31쪽

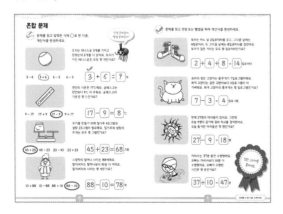

정리 노트

런런 옥스퍼드 수학

3-2 덧셈과 뺄셈

초판 1쇄 발행 2022년 12월 6일

글·그림 옥스퍼드 대학교 출판부 **옮김** 상상오름

발행인 이재진 **편집장** 안경숙 **편집 관리** 윤정원 **편집 및 디자인** 상상오름

마케팅 정지운, 김미정, 신희용, 박현아, 박소현 **국제업무** 장민경, 오지나 **제작** 신홍섭

펴낸곳 (주)웅진씽크빅

주소 경기도 파주시 회동길 20 (우)10881

문의 031)956-7403(편집), 02)3670-1191, 031)956-7065, 7069(마케팅)

홈페이지 www.wjjunior.co.kr **블로그** wj_junior.blog.me **페이스북** facebook.com/wjbook

트위터 @wjbooks **인스타그램** @woongjin_junior

출판신고 1980년 3월 29일 제406-2007-00046호

원제 PROGRESS WITH OXFORD: MATH

한국어판 출판권 ⓒ(주)웅진씽크빅, 2022 **제조국** 대한민국

ISBN 978-89-01-26524-7
ISBN 978-89-01-26510-0 (세트)

잘못 만들어진 책은 바꾸어 드립니다.

주의 1. 책 모서리가 날카로워 다칠 수 있으니 사람을 향해 던지거나 떨어뜨리지 마십시오.

   2. 보관 시 직사광선이나 습기 찬 곳은 피해 주십시오.